LE
COTILLON

LE COTILLON

VADE-MECUM

DU CONDUCTEUR DE COTILLON

PAR

G. DESRAT

Professeur de Danse, Auteur de l'Histoire du
Quadrille et de la Valse

PARIS

CHEZ L'AUTEUR, 40, RUE DES SAINTS-PÈRES
AU MÉNESTREL, RUE VIVIENNE, 2 *bis*
CHEZ GIROUX, BOULEVARD DES CAPUCINES

A M. LE COMTE E. DE CH.

Nul ne sut aussi bien conduire un Cotillon

G. D.

PRÉFACE

Le nombre incalculable de figures nouvelles introduites dans le
Cotillon me force à donner une
nouvelle édition, dans laquelle je
chercherai à satisfaire les exigences les plus difficiles des cavaliers conducteurs. Toutes les
innovations introduites dans cette
danse sont principalement dues à
la maison Giroux, qui sait chaque

année créer de nouveaux accessoires, dans lesquels le goût et l'esprit ne cessent de se trahir. Pour faciliter l'intelligence nécessaire aux recherches des cavaliers conducteurs de Cotillon, j'ai divisé ce petit *vade-mecum* en deux parties bien distinctes : la première, consacrée aux figures sans accessoires, la seconde à celles faites avec tous les jouets et emblèmes importés depuis quelques années. Les figures exécutées sans accessoires demandaient une division par cou-

ples qui permît aux cavaliers
conducteurs de se guider facilement et rapidement au milieu
de ce nombre incalculable de
ronds, de moulinets, etc. Je crois
avoir facilité leurs recherches
en adoptant une division basée
sur le nombre de couples exécu-
tant la figure, et commençant
par un couple pour terminer par
ceux dits d'ensemble, c'est-à-
dire par tous les danseurs à la
fois.

Quant à toutes les règles gé-
nérales de cette danse, je ren-

verrai le lecteur à ma méthode de danse éditée chez Heugel : *Au ménestrel* ; il y trouvera toutes les observations indispensables pour conduire facilement un Cotillon.

Nota. — On appelle cavalier conducteur, et couple conducteur, le cavalier ou le couple qui dirige et commence toutes les figures ; tous les couples doivent partir ou s'arrêter dès son premier signal.

PREMIÈRE PARTIE

FIGURES SANS ACCESSOIRES

Figures faites par un couple seul.

Première Figure. — L'En-avant trois.

Le cavalier conducteur choisit deux dames et se place entre elles ; même chose pour la dame conductrice placée entre deux cavaliers. Les six danseurs avancent et reculent une fois ; les cavaliers placés à la droite et à la gauche de la dame conductrice élèvent les bras, et les deux dames placées à la droite et à la gauche du cavalier conducteur passent sous les bras des deux cavaliers. Les danseurs tournent en se tenant ainsi, puis élèvent les bras, et les dames cessent d'être enlacées par les cavaliers. Tous se replacent en formant deux lignes vis-à-vis les uns des autres : en avant, en arrière et tour de valse finale.

2e Figure. — L'invitation.

La dame conductrice se fait conduire par son cavalier, près du cavalier avec lequel elle désire valser ; le cavalier conducteur valse avec la dame restée seule.

3e Figure. — Les Dames présentées.

Le cavalier conducteur présente à sa dame assise deux cavaliers ; elle en choisit un pour valser.

4e Figure. — Les Cavaliers présentés.

La dame conductrice présente deux dames à son cavalier assis, et ce dernier choisit pour valser une des deux dames présentées.

5ᵉ Figure. — Le Mouchoir.

La dame conductrice fait un nœud à l'un des coins de son mouchoir ; son cavalier lui présente quatre cavaliers qui choisissent chacun un des coins du mouchoir. Celui qui a été assez heureux pour trouver le nœud valse avec la dame.

6ᵉ Figure. — Le Mouchoir (*bis*).

La dame conductrice, entourée de plusieurs danseurs choisis par son cavalier, jette son mouchoir en l'air.

Le danseur qui a pu s'en emparer danse avec elle.

7ᵉ Figure. — La Conversation.

Le cavalier conducteur présente à sa dame assise deux cavaliers ; tous deux adressent une phrase à la dame, qui choisit pour valseur celui dont la phrase lui a été plus agréable à entendre.

8ᵉ Figure. — La Surprise.

Le cavalier conducteur choisit une dame, et sa dame choisit un cavalier; le cavalier conducteur présente comme danseuse, au cavalier dirigé

par la dame conductrice, la dame
qu'il a choisie. Le couple conducteur danse ensemble.

9ᵉ Figure. — Le Prisonnier.

La dame conductrice fait asseoir
son cavalier et en invite un autre
pour valser.

10ᵉ Figure. — Le Raccommo-
dement.

Le cavavalier conducteur présente,
pour valser, sa dame à un cavalier
et valse avec la dame restée seule.

11° Figure. — Le Colin-Maillard.

La dame conductrice bande les yeux de son cavalier et le conduit devant des couples assis ; le cavalier conducteur choisit à droite ou à gauche et valse avec la personne qu'il désigne, soit cavalier, soit dame.

12ᵉ Figure. — Le Colin-Maillard assis.

Le cavalier conducteur fait asseoir un cavalier et lui bande les yeux. Il se place à droite ou à gauche de lui, et sa dame se place de l'autre côté ;

le cavalier assis danse avec la personne qu'il a choisie, soit cavalier, soit dame.

13ᵉ Figure. — La Souris.

Le cavalier conducteur conduit sa dame au milieu du salon et dispose plusieurs cavaliers en rond autour d'elle ; le cavalier conducteur est tenu d'entrer dans ce rond pour pouvoir valser avec sa dame ; les autres cavaliers placés en rond cherchent à lui rendre la chose aussi difficile que possible en tournant rapidement.

14e Figure. — Les Fleurs.

Le cavalier conducteur choisit deux dames et leur demande à voix basse deux noms de fleurs ; il les conduit à un cavalier en le priant de choisir une des deux fleurs pour valser. La dame conductrice fait la même figure avec deux cavaliers qu'elle présente à une dame. Les cavaliers choisissent généralement des emblêmes autres que les fleurs.

15e Figure. — La Trompeuse.

Le cavalier conducteur, abandonnant sa dame, avance près d'une autre et l'invite à valser ; au moment où cette dame accepte l'invitation, le cavalier conducteur retourne précipitamment près de sa dame et valse avec elle.

16ᵉ Figure. — La Chasse.

Tenant un chapeau à la main, le cavalier conducteur valse avec sa dame et invite un autre cavalier à jetter un gant dans le chapeau. Si ce dernier y parvient il valse avec la dame conductrice.

17ᵉ Figure. — Le Cavalier trompé.

Le cavalier conducteur présente sa dame à un cavalier ; au moment où ce dernier se dispose à valser avec elle, le cavalier conducteur entraîne vivement sa dame et valse avec elle.

18ᵉ Figure. — Le Changement de Dames.

Le cavalier conducteur échange sa dame avec un autre cavalier et valse avec la dame de celui-ci ; la dame conductrice valse avec l'autre cavalier.

19ᵉ Figure. — Les Dames cachées.

Le cavalier conducteur fait cacher plusieurs dames derrière des rideaux et les dames passent les mains dans l'interstice des deux rideaux ; des cavaliers conduits par le cavalier conducteur valsent avec la dame dont ils ont choisi la main.

20ᵉ Figure. — La Barrière.

Le cavalier conducteur fait former une chaîne par plusieurs cavaliers ; il donne la main à sa dame et tous deux, élevant les bras, les cavaliers passent dessous. La dame conductrice abaisse les bras devant le cavalier avec lequel elle désire valser.

21ᵉ Figure. — Le Dos-à-Dos.

Le cavalier conducteur place dos-à-dos des cavaliers et des dames ; il conduit sa dame à l'extrémité de la ligne et revient se placer en tête, ayant soin d'ajouter un cavalier en plus du nombre de dames. Après une promenade, chaque cavalier se retournant valse avec la dame qu'il trouve devant lui. Le cavalier resté seul retourne à sa place.

22ᵉ Figure. — La Queue du Loup ou la Volte-Face.

Le cavalier conducteur marche précédé de sa dame, qui invite un cavalier à se lever ; les trois danseurs se retournent et le cavalier conducteur, placé en tête, invite une dame ; tous se retournent et la dame conductrice, revenue première en tête de la ligne des danseurs, invite un cavalier. Chaque danseur, se retournant, valse avec la dame placée devant lui.

23ᵉ Figure. — Le Rond à trois.

Le cavalier conducteur forme avec deux autres cavaliers un rond autour de sa dame, qui choisit pour valser un des trois cavaliers.

24ᵉ Figure. — Les deux Ronds.

Le cavalier conducteur forme un rond à trois avec deux dames ; la dame, conductrice en forme un second avec deux cavaliers.

Le cavalier conducteur passe sous les bras des deux dames placées en rond avec lui, pendant que sa dame passe sous les bras des deux cavaliers formant le rond avec elle.

Ils dansent ensemble, et les deux autres cavaliers valsent avec les deux autres dames.

25ᵉ Figure. — Les Adieux.

Le premier couple conducteur salue un autre couple et les deux cavaliers échangent leurs dames pour valser.

26ᵉ Figure. — Le 8 entre deux chaises.

Le couple conducteur décrit un 8 en valsant autour de deux chaises

placées dos à dos au milieu du salon et un peu distancées l'une de
l'autre.

— — —

Figures exécutées par deux couples.

27ᵉ Figure. — Les deux Ronds.

Les deux premiers couples partent ensemble ; le cavalier conducteur fait un rond avec sa dame et
une autre qu'il invite ; la dame du
second couple fait un rond avec son
cavalier et un second qu'elle invite.

Les deux ronds tournent vis-à-vis l'un de l'autre ; puis le cavalier conducteur passe sous les bras de ses deux dames, pendant que la dame du second couple passe, vis-à-vis, sous les bras de ses deux cavaliers. Ils valsent eneemble, ainsi que les deux autres cavaliers et dames.

28e Figure. — La Croix.

Les deux premiers couples partent ensemble et se placent vis-à-vis l'un de l'autre ; en avant quatre et en arrière. Le couple conducteur avance seul, et le cavalier tourne autour de la dame placée vis-à-vis de lui, pendant que sa dame tourne autour du second cavalier. Le couple conducteur se replace vis-à-vis du second couple, et le dernier recommence les tours décrits par le couple conducteur, en tournant autour du cavalier et de la dame conducteurs.

29ᵉ Figure.—Les Couples croisés.

Les deux premiers couples partent ensemble, les cavaliers donnant le bras droit au bras gauche de leurs dames. Les deux cavaliers font un tour de mains pour changer de dames et valser ; ils se donnent une seconde fois le bras droit, pour exécuter un second tour de main et reprendre leurs premières dames.

Figures exécutées par trois Couples.

30ᵉ Figure. — Le Moulinet simple.

Les trois premiers cavaliers, conduisant leurs dames par la main droite, se donnent tous trois par la main gauche et tournent rapidement, en formant un moulinet ; quelques

tours de valse avec les dames terminent la figure.

31ᵉ Figure. — Moulinet avec changement de dames.

Placés en moulinet, comme dans
la figure ci-dessus, les cavaliers
changent alternativement de dames,
en tournant rapidement et prenant
la dame placée derrière la leur. —
Valse des trois couples.

32ᵉ Figure. — Moulinet valsant.

Les trois premiers couples forment
un moulinet, comme ci-dessus, rom-
pent le moulinet pour valser, refor-

ment le moulinet et ainsi de suite, plusieurs fois.

33ᵉ Figure. — Moulinet valsant et changement de dames.

Les trois couples forment le moulinet ; les dames quittent leurs cavaliers pour valser avec celui qu'elles rencontrent derrière elles. Après quelques tours de valse, les cavaliers forment le moulinet une seconde fois, les dames font quelques tours de valse avec le second cavalier. — Troisième moulinet formé et troisième tour de valse pour finir la figure, ce qui a lieu au moment où

chaque dame revient avec son cavalier.

34ᵉ Figure. — Moulinet des dames.

Les trois premières dames forment un moulinet en se tenant par la main droite, pendant que les trois premiers cavaliers s'adjoignent chacun un danseur. Les six cavaliers forment un rond autour des trois dames; au signal donné par le conducteur les trois dames invitent un cavalier à valser. Les trois cavaliers refusés retournent à leurs places.

35ᵉ Figure. — Le Changement de cavaliers.

Les trois premiers couples valsent ensemble; sur un premier signal du conducteur, trois cavaliers se lèvent et, s'emparant de trois dames *dansantes*, valsent avec elles.

36ᵉ Figure. — La Corbeille.

Les trois premiers cavaliers se placent en ligne vis-à-vis de leurs trois dames : en avant six, et en arrière; les deux cavaliers placés à la droite et à la gauche de la ligne de cavaliers, passent sous les bras des deux dames placées à la droite et à la gauche de la ligne de dames ; les deux cavaliers se donnent la main derrière le dos de la dame placée au milieu, et les deux dames font de même derrière le dos du cavalier placé également au milieu des deux autres cavaliers. Cette passe doit être exécutée sans se quitter les mains ; les danseurs tournent en formant la corbeille, et, après ce tour, la dame et le cavalier conducteurs passent, en se baissant, sous les bras qui les retiennent enlacés. Un rond se trouve alors formé, et les danseurs brisent ce rond pour finir la figure en valsant.

37e Figure. — La Retourne.

Les trois premiers danseurs s'adjoignent chacun un cavalier, et les trois premières dames s'adjoignent chacune une dame ; trois dames se placent devant trois cavaliers, puis les trois autres dames, devant les trois autres cavaliers. Après quelques tours de promenade, chaque cavalier se retournant valse avec la dame qu'il rencontre devant lui.

Figures exécutées par quatre couples ou plus de quatre couples.

38e Figure. — Les quatre Coins.

Les quatre premières dames se placent aux quatre coins du salon ; le cavalier conducteur forme avec quatre autres danseurs un rond et, après quelques tours exécutés rapidement, chaque cavalier cherche à s'emparer d'une dame pour valser. Le cinquième cavalier regagne sa place.

39ᵉ Figure. — Le Pot.

Les quatres couples étant placés aux quatre coins du salon, le conducteur invite un cavalier à se tenir au milieu du salon. Les quatre couples, après quelques tours de valse, changent de dames, et pendant l'exécution de ce changement le cavalier resté seul cherche à saisir une dame. Nouvelle valse, nouveau changement de dame et ainsi de suite.

40ᵉ Figure. —- Le Refusé.

Les quatre premières dames se placent aux quatre coins et le conducteur choisit un cavalier pour former avec les trois cavaliers des trois premières dames un rond à cinq cavaliers. Les danseurs tournent alternativement autour de chaque dame qui choisit un cavalier. Le cavalier refusé se tient au milieu du salon pendant la valse exécutée par les quatre couples.

41ᵉ Figure. — La Dame trompée.

Les quatre premières dames se placent aux quatre coins; le cavalier conducteur adjoint un danseur aux cavaliers des trois dames. Les cinq cavaliers tournent alternativement autour des quatre dames, lesquelles choisissent un cavalier; le cavalier refusé choisit à son tour une des quatre dames, valse avec elle et remplace le cavalier invité par la dame.

42ᵉ Figure. — Les Tours de mains.

Les quatre premières dames se placent aux quatre coins et leurs cavaliers entre elles. Les cavaliers font un premier tour de mains avec la dame placée à leur gauche, puis un second avec celle placée à leur droite. Valse avec la dame de droite, après le second tour de mains.

43ᵉ Figure. — L'Escargot.

Les quatre premiers couples se placent comme pour le quadrille. Le premier couple, double en valsant le second couple, puis le troisième et enfin le quatrième ; il se remet en place et le second couple double tous les autres couples en valsant autour d'eux, comme l'a fait le couple conducteur.

44ᵉ Figure. — Le Menuet.

Les quatre premiers couples se placent comme pour le quadrille croisé, c'est-à-dire en ligne diagonale. En avant et en arrière pour les huit danseurs, en avant une seconde fois et saluts prolongés de la part des huit danseurs. Second salut fait sur les côtés; les cavaliers saluent la dame placée à leur gauche et valsent avec cette dame.

43ᵉ Figure. — L'Arche.

Les deux premiers cavaliers se placent dos à dos et élèvent les bras; les deux autres se placent vis-à-vis d'eux et, élevant également les bras, forment une arche en réunissant leurs mains. Les quatre dames forment un rond autour des cavaliers et tournent rapidement. Les quatre cavaliers abaissent les bras et enlacent le rond des dames ; chacun d'eux valse avec la dame placée devant lui.

46ᵉ Figure. — Moulinet changeant.

Les quatre premiers couples se placent en moulinet, les cavaliers conduisant leurs dames par la main droite ; quatre couples viennent se placer ensuite au sommet de cha-que angle du moulinet. Après quel-ques tours, les quatres couples for-mant le moulinet se séparent et le moulinet est reformé par les quatre couples venant de valser; ainsi de suite plusieurs fois.

47° Figure. — Moulinet avec ronds.

Les quatre premiers couples forment un moulinet comme ci-dessus; les dames placées dans le moulinet invitent un cavalier à se joindre à elles; ce nouveau cavalier invite une dame. Les quatre dames placées à *l'extrémité* des quatre lignes du moulinet se donnent, toutes les quatre, la main droite au centre du moulinet, sans qu'aucun des danseurs cesse de se tenir par la main. Quatre ronds se trouvent ainsi formés ; après quelques tours, le faisceau de mains formant le centre du moulinet est rompu, et un grand rond se forme pour terminer la figure.

48ᵉ Figure. — La Prière.

Les quatre premières dames, ou un nombre plus grand, forment un rond en se tournant le dos ; un nombre égal de cavaliers forme un second rond autour des quatre dames et tourne autour d'elles ; au signal du conducteur, les cavaliers s'agenouillent devant les dames : ces dernières tendent la main aux cavaliers, qui se relèvent et valsent avec les dames.

49ᵉ Figure. — Les Petits ronds.

Les quatre premiers cavaliers se placent sur deux rangs, deux par deux, vis-à-vis de leurs dames placées également sur deux rangs. Deux cavaliers s'avancent près des dames et forment un rond avec deux d'entre elles ; après un tour ils font passer sous leurs bras les deux dames vis-à-vis des deux autres cavaliers, et reforment un second rond avec les deux dames restées en arrière. Pendant ce mouvement les deux dames, venant de passer sous les bras des premiers cavaliers, tournent avec les deux seconds et passent sous leurs bras. Les deux seconds cavaliers reçoivent alors les deux secondes dames qui viennent de passer sous les bras des deux premiers cavaliers. Les danseurs ont ainsi changé de place ; ils avancent et chacun des cavaliers valse avec la dame placée devant lui.

50ᵉ Figure. — Le Fandango.

Les quatre premiers cavaliers se

placent aux quatre coins et mettent un genou à terre ; les quatre dames font avec eux la chaîne des dames du quadrille français.

51ᵉ Figure. — Les Ronds inverses.

Les cinq premières dames forment un rond en se tournant le dos ; les cinq cavaliers forment un second rond autour des dames. Le rond des dames tourne à droite et celui des cavaliers à gauche. Valse pour terminer.

Figures d'ensemble ou figures exécutées par tous les couples.

52ᵉ Figure. — Les Parallèles.

Tous les cavaliers se disposent en ligne d'un *côté*, et les dames en ligne vis-à-vis d'eux. Le premier couple valse entre les deux lignes de danseurs et se place à l'extrémité opposée à celle où il était en commençant. Le second couple continue la valse et vient se placer à côté du premier, ainsi de suite pour tous les couples jusqu'à ce que le premier soit revenu à sa place primitive ainsi que tous les autres. Valse générale.

53° Figure. — La Promenade.

Tous les couples se placent l'un derrière l'autre et se promènent à travers tous les salons livrés à la danse. Valse générale.

54ᵉ Figure. — Promenade avec changement de dames.

Placés les uns derrière les autres, les cavaliers échangent leurs dames, valsent et se replacent à la suite l'un de l'autre.

55ᵉ Figure. — Promenade, valse et changement de dames.

Cette figure s'exécute presque comme la précédente ; toutefois, lorsque la dame a changé de cavalier elle valse avec lui, puis on se replace en promenade. Les dames changent une seconde fois de cavaliers ; nouvelle valse, nouvelle promenade, et ainsi de suite jusqu'à ce que chaque dame soit revenue à son cavalier.

56ᵉ Figure. — Le Rond déployé.

Les dames se placent toutes en rond en se donnant les mains ; les cavaliers forment un second rond autour d'elles en se tenant à la gauche de leurs dames. Les cavaliers élèvent les bras et les laissent retomber en enlaçant le rond des dames. Après un tour entier décrit autour du salon, seuls, le cavalier conducteur et sa dame quittent la main du danseur placé à coté d'eux ; le cavalier conducteur fait déployer le rond sur une ligne, et les cavaliers élèvent les bras pour permettre aux dames de se sauver rapidement. Chaque cavalier s'empresse de courir après les dames pour valser avec elles.

57ᵉ Figure. — La Séparation.

Après une promenade générale, les danseurs se dirigent en ligne droite au milieu du salon ; arrêtés à l'extrémité, les cavaliers se séparent de leurs dames et défilent un à un sur leur gauche, pendant que les dames défilent une à une sur leur droite. Au moment où ils se retrouvent ensemble, les cavaliers et dames terminent par la valse.

58ᵉ Figure — L'Allée couverte.

Tous les couples placés en prome-

nade élèvent les bras ; le couple
conducteur valse sous la voûte ainsi
formée par les danseurs et s'arrête
quand il est revenu se placer en tête
de la promenade ; le second couple
exécute la même chose et ainsi de
suite.

59ᵉ Figure. — Les Ondes.

Tous les couples forment un rond;
ils avancent et reculent tantôt dans
un sens, tantôt dans un autre. Valse
générale.

60ᵉ Figure. — L'Artichaut.

Tous les couples formant une

chaîne en se donnant les mains, s'enroulent autour du couple conducteur ;
le dernier couple, tournant en sens
inverse de la position dans laquelle
il se trouve, entraîne la chaîne, qui
se déroule et est terminée par une
valse générale.

61e Figure. — Les Ronds successifs.

Le premier couple invite le second
couple à former un rond avec lui,
puis le second, le troisième et ainsi
de suite jusqu'à ce que que tous les
couples soient placés en rond. Valse
générale.

62ᵉ Figure. — L'Allée tournante.

Le conducteur dispose un rond de dames, et un second rond de cavaliers placés devant leurs dames; le couple conducteur valse dans l'espace réservé entre les deux ronds et revient à sa place ; le second couple lui succède et ainsi de suite.

63ᵉ Figure. — La Passe.

Le cavalier conducteur établit deux lignes vis-à-vis l'une de l'autre, une de dames et une de cavaliers ; il se place en tête de la ligne de cavaliers, et sa dame en tête de la ligne des dames. La dame conductrice entraîne toutes les dames pour passer sous les bras des cavaliers ; les dames reforment leurs lignes et élèvent les bras pour laisser le passage à tous les cavaliers qui recommencent la passe.

64ᵉ Figure. — La Passe et le Dos-à-Dos.

Les dames formant une chaîne élèvent les bras ; les cavaliers se tenant par la main passent sous leurs bras et le premier cavalier s'arrête quand il est arrivé à la dernière dame et dos à dos avec elle. On se retourne et les cavaliers valsent avec la dame placée devant eux.

65ᵉ Figure. — Le Moulin final.

Les quatre premiers couples se placent en moulinet. La dame de chaque extrémité invite un cavalier; ce nouveau cavalier invite une dame, et ainsi de suite jusqu'à ce que tous les danseurs prennent part au moulinet. Valse générale.

66ᵉ Figure. — La Finale.

Le couple conducteur se place en tête de tous les couples qu'il dispose en promenade; tous viennent saluer la maîtresse de maison l'un après l'autre. Le premier couple, après avoir salué, reste devant la maîtresse de maison et élève les bras ; le second couple passe dessous avant de saluer et se place devant le premier couple. Ainsi de suite pour tous les autres.

Figures avec accessoires.

67ᵉ Figure. — Le Coussin.

Le cavalier conducteur, après avoir fait asseoir sa dame au milieu

du salon, place à ses pieds un coussin ; il lui présente un cavalier, qui
doit s'agenouiller sur le coussin pour
avoir le droit de valser avec la
dame.

68° Figure. — L'Éventail.

Le cavalier conducteur présente
deux cavaliers à sa dame assise ;
cette dernière remet son éventail à
un des deux cavaliers et valse avec
l'autre ; le cavalier auquel est échu
l'éventail suit le couple valsant en
l'éventant.

69ᵉ Figure. — La Pièce de cinq francs.

Le cavalier conducteur et sa dame distribuent en valsant une pièce de cinq francs à une dame et à un cavalier ; les deux danseurs ayant reçu les pièces valsent ensemble.

70ᵉ Figure. — Pile ou face.

Le conducteur remet une pièce de cinq francs à sa dame *assise,* et lui présente un cavalier ; la dame demande pile ou face, et jette la pièce à terre ; si la pièce retombe sur le côté demandé par la dame, le cavalier présenté danse avec elle, sinon on passe à un autre.

71ᵉ Figure. — Le Verre d'eau, de champagne, de punch, etc.

Le conducteur remet un verre d'eau à sa dame assise et lui présente deux cavaliers ; la dame donne à boire le verre d'eau à un cavalier et valse avec l'autre.

72ᵉ Figure. — Le Parapluie.

Le cavalier conducteur présente à sa dame assise deux cavaliers ; elle re- met le parapluie à l'un et valse avec l'autre ; le cavalier armé du parapluie, le tient ouvert au-dessus du couple valsant.

73ᵉ Figure. — La Pêche à la ligne.

La dame conductrice s'asseoit, tenant à la main une canne à pêche à l'extrémité de laquelle est attaché un biscuit ; son cavalier lui présente plusieurs danseurs qui doivent, étant agenouillés, saisir le biscuit avec les dents. Celui qui peut y parvenir valse avec la dame.

74ᵉ Figure. — Les Bouquets.

Le conducteur demande à plusieurs dames leurs bouquets et les fait

distribuer par sa dame à des cavaliers ; ces derniers rendent les bouquets aux dames auxquelles ils appar-
tiennent et valsent avec elles.

75ᵉ Figure. — L'Ecueil.

Le cavalier conducteur place un
chapeau renversé aux pieds de sa
dame assise ; il présente un cavalier
qui doit, avec les dents seulement,
ramasser le chapeau pour valser avec
la dame.

76ᵉ Figure. — Le Bonnet de coton, le Bonnet de femme, le Chapeau, etc.

Le cavalier conducteur forme, avec

plusieurs autres cavaliers, un rond autour de sa dame ; celle-ci, tenant un bonnet, en couvre la tête du cavalier avec lequel elle désire valser.

77ᵉ Figure. — Les Grosses Têtes.

On remplace le chapeau ou le bonnet par des têtes en carton représentant des sujets d'animaux ou des personnages grotesques.

78ᵉ Figure. — L'Orange, la Pomme, la Balle.

La dame conductrice jette une orange à plusieurs cavaliers placés devant elle et amenés par le cavalier conducteur ; le danseur qui a pu saisir l'orange danse avec la dame.

79ᵉ Figure. — Les Pétards ou les Papillotes.

Le conducteur et sa dame distribuent des pétards, dits tirettes, aux cavaliers et aux dames. Les cavaliers font tirer les pétards aux dames avec lesquelles ils désirent valser, et les dames aux cavaliers.

80ᵉ Figure. — Le Duel.

Le conducteur remet un pistolet de salon à sa dame et lui présente deux cavaliers ; la dame décharge le pistolet sur un des deux cavaliers et valse avec l'autre.

81ᵉ Figure. — La Loterie.

Le couple conducteur prépare sur un guéridon une certaine quantité de petits objets portant un numéro ; au milieu du guéridon se trouve une corbeille contenant des numéros correspondants aux objets. Le couple conducteur distribue les numéros aux cavaliers qui les offrent aux dames. Chaque dame, conduite par un cavalier, prend l'objet dont le numéro correspond à celui qu'elle a reçu et valse avec le cavalier.

82ᵉ Figure. — Le cavalier de Triste-Figure.

La dame conductrice s'asseoit tenant à la main une bougie allumée : son cavalier lui présente deux danseurs ; elle remet la bougie à l'un et valse avec l'autre.

83ᵉ Figure. — Le Miroir.

Le conducteur présente un cavalier à sa dame assise et tenant une glace à la main ; si la dame accepte le cavalier présenté elle se lève aussitôt après avoir vu se refléter dans la glace l'image de ce cavalier, sinon elle efface cette image avec son gant ou son mouchoir ; la figure est continuée jusqu'à ce que que la dame ait fixé son choix.

84ᵉ Figure. — L'Écharpe.

La dame conductrice tenant une écharpe, et se plaçant au milieu du salon, couvre de cette écharpe un des cavaliers qui lui sont présentés par le conducteur. Le danseur choisi par la dame doit valser avec elle revêtu de son écharpe.

85ᵉ Figure. — L'Écharpe de l'hymen.

Le conducteur choisit une dame,

et la dame conductrice choisit un cavalier ; les deux danseurs choisis, cavalier et dame, valsent ensemble sous l'écharpe que tiennent élevée et tendue le cavalier et la dame conducteurs.

86ᵉ Figure. — Les Ballons.

Deux ou trois dames, tenant chacune un petit ballon léger, se placent au milieu du salon. Le conducteur forme, avec un nombre de cavaliers indéterminé, un rond autour des dames. Les cavaliers qui peuvent s'emparer des ballons lancés par les dames dansent avec elles.

87e Figure. — Le Jeu de Grâces.

La dame conductrice jette à des cavaliers placés devant elle par le conducteur, l'anneau d'un jeu de grâces et valse avec celui qui a réussi à saisir l'anneau.

88e Figure. — Rouge et Noir.

Le conducteur amène à sa dame assise et tenant un jeu de rouge et noir ; si la boule s'arrête sur la couleur choisie par la dame, le cavalier valse avec elle, sinon le conducteur en présente un autre.

89ᵉ Figure. — Les Dominos.

Le cavalier conducteur distribue des dominos aux dames, et la dame conductrice fait de même pour les cavaliers ; chaque danseur valse avec la dame ayant un domino dont la réunion au sien représente le nombre douze.

90ᵉ Figure. — Les Villes, les Départements, etc.

Le conducteur distribue aux dames des cartes portant le nom de départements, et sa dame distribue aux cavaliers des cartes portant le nom de chefs-lieux de départements. Les cavaliers valsent avec les dames dont la carte représente le chef-lieu de département qu'ils ont reçu.

Cette figure se fait avec des noms de rois et de reines. Il est facile de savoir comment on l'exécute en se rapportant à l'explication donnée plus haut.

91° Figure. — Le Papillon.

Le conducteur remet un papillon à une dame, pendant que sa dame donne un filet à un cavalier. La dame fait voltiger le papillon, et le cavalier armé du filet doit chercher à s'en emparer pour valser avec elle.

92ᵉ Figure. — La Bergère des Alpes.

Le cavalier conducteur prie un des cavaliers de tenir au milieu du salon une hampe au bout de laquelle sont fixés quatre rubans assez longs. Les quatre premiers couples valsent autour de lui en tenant chacun l'extrémité d'un des rubans.

93ᵉ Figure. — Les Cartes.

Le conducteur distribue à quatre dames les quatre rois d'un jeu de cartes. Sa dame distribue les quatre dames à quatre cavaliers. Les quatre rois dansent avec les quatre dames dont la couleur se correspond.

94ᵉ Figure.— Le Valet de Trèfle,

Le conducteur remet plusieurs cartes à sa dame assise et lui présente plusieurs cavaliers ; la dame distribue les cartes aux cavaliers présentés et danse avec celui qui a reçu le valet de trèfle. Il est évident que les cartes doivent être retournées avant d'être distribuées.

95ᵉ Figure. — La Carte la plus forte.

Même figure en remplaçant le valet de trèfle par la carte la plus forte parmi celles qui ont été distribuées.

96ᵉ Figure. — Les Rubans.

Le cavalier conducteur et sa dame, tenant deux bâtons auxquels sont attachés des rubans de couleurs semblables, invitent des cavaliers et des dames à choisir un ruban. Les cavaliers dansent avec la dame dont la couleur du ruban répond à celle du ruban qu'ils ont choisi.

97ᵉ Figure. — Le Steaple.

Le conducteur place plusieurs cavaliers d'un côté et un nombre égal de dames vis-à-vis d'eux ; il revient avec sa dame se tenir entre les cavaliers et les dames, et, à un signal donné, fait sauter les cavaliers par dessus une petite haie soutenue entre les cavaliers et les dames, par lui et par sa dame. Les cavaliers valsent avec les dames.

98ᵉ Figure. — La Chasse à courre.

Le conducteur fait asseoir sa dame à l'extrémité du salon et dispose deux petits tabourets à pied à l'autre extrémité ; il invite deux cavaliers à courir à cloche-pied vis-à-vis de la dame sur les tabourets ; le premier arrivé valse avec la dame.

99ᵉ Figure. — Les Bonnets pareils.

Le couple conducteur distribue des bonnets de couleurs semblables à des cavaliers et à des dames ; les cavaliers valsent avec les dames, dont

les couleurs de bonnets correspon-
dent aux leurs.

100ᵉ Figure. — Les Tabliers.

Le cavalier conducteur remet à sa dame assise deux tabliers fortement noués ; il lui présente ensuite deux cavaliers et la dame les prie de se revêtir d'un tablier. Le premier revêtu valse avec la dame.

101ᵉ Figure.— Les noms de Cavaliers.

Le cavalier conducteur présente à sa dame assise plusieurs cavaliers ;

la dame fait choisir à ces cavaliers des petits cartons sur lesquels sont inscrits des noms. Les cavaliers appellent à haute voix le nom qu'ils ont choisi et la dame valse avec le nom qu'elle préfère.

102e Figure.—Les noms de Dames.

Même figure faite par le cavalier assis auquel on présente des dames.

103e Figure. — Les Dés.

Le cavalier conducteur présente deux cavaliers à sa dame assise et ayant deux dés qu'elle remet aux deux cavaliers ; celui qui, après avoir lancé le dé, amène le plus gros numéro, gagne le plaisir de valser avec la dame.

104e Figure. — Les Gages.

Le cavalier conducteur conduit sa dame devant toutes les dames, qui déposent un gage dans une corbeille ; les gages sont ensuite distribués aux cavaliers, qui dansent avec la dame dont ils ont reçu le gage.

105e Figure. — Les Sabres.

La dame du cavalier conducteur

jette un anneau à plusieurs cavaliers auxquels ont été donnés des
sabres ; les cavaliers doivent cher-
cer à saisir l'anneau en se mettant
en garde, et celui qui réussit valse
avec la dame.

106ᵉ Figure. — La Poste.

Le cavalier conducteur remet un
fouet à un cavalier, et enlace de
guides un autre cavalier ; le cavalier attelé de guides choisit une
dame pour valser, et pendant qu'il
valse, il est poursuivi et conduit
par le cavalier armé du fouet. Le
conducteur valse avec sa dame.

107e Figure. — Les Guides.

La figure ci-dessus s'exécute aussi de la façon suivante : le conducteur choisit et conduit deux cavaliers : la dame du cavalier conducteur choisit un cavalier qui conduit deux dames. Ils tournent autour du salon en prenant une direction inverse les uns aux autres, et valsent ensemble après quelques tours.

108e Figure. — Le Postillon.

Le conducteur remet à sa dame un collier assez grand, où sont attachés de forts grelots, et forme avec plusieurs autres danseurs un rond autour d'elle. La dame passe sur les épaules du cavalier avec lequel elle désire valser le collier de grelots.

Nota. — Cette figure est pleine d'entrain si on l'exécute sur un rythme de polka.

109e Figure. — Les Drapeaux.

Le couple conducteur tenant à la main les drapeaux en double de plusieurs nations, les distribue aux cavaliers et aux dames ; les drapeaux de couleurs et de nationalité pareilles dansent ensemble.

110e Figure. — Les Décorations et les Bouquets.

Le cavalier conducteur fait disposer au milieu du salon une corbeille contenant des bouquets et des décorations. Les cavaliers offrent un bouquet à une dame et valsent avec elle ; les dames offrent une décoration à un cavalier, et valsent avec lui.

111e Figure. — Le Charivari.

Le cavalier conducteur présente plusieurs cavaliers à sa dame, qui remet à chacun d'eux un petit instrument de musique; les cavaliers jouent un air, et la dame valse avec le meilleur musicien, selon son choix.

112ᵉ Figure. — Le Carnaval.

Le couple conducteur distribue à tous les cavaliers et dames des instruments de musique, et fait placer tous les couples en promenade. Les danseurs, cavaliers et dames, doivent accompagner l'orchestre avec leurs instruments, tant que dure la promenade.

113ᵉ Figure. — Le Gâteau des Rois.

Le conducteur fait placer un gâteau des rois sur un guéridon, au milieu du salon ; chaque couple vient prendre une part du gâteau, et le roi choisit sa reine pour valser, ou réciproquement. Tous les danseurs forment un rond autour du couple royal pendant qu'il valse.

114ᵉ Figure. — L'Arbre de Noël.

Le couple conducteur distribue à des cavaliers et à des dames des numéros correspondants aux objets pendus à un arbre de Noël. Chaque couple cherche l'objet correspondant à son numéro et valse ensuite.

115ᵉ Figure. — Le Hasard.

Le cavalier conducteur remet à sa dame plusieurs petits papiers roulés sur lesquels sont inscrites des réponses par oui ou par non ; le danseur présenté par le cavalier conducteur, chosit un papier ; s'il porte oui il danse avec la dame ; dans le cas contraire, un autre cavalier est présenté. Il est d'usage d'ajouter quelques phrases aux monosyllables.

SUPPLÉMENT.

Bien que la quantité innombrable des figures que je viens de citer puisse suffire aux plus grandes exigences des conducteurs de cotillon, j'ai cru devoir, pour faire un travail complet, donner une énumération de toutes les figures faites avec accessoires proprement dits et par conséquent relevant plus directement des maisons de jouets qui les éditent que du professeur de danse. Je ne saurais mieux réussir qu'en m'adressant à la maison Giroux, d'où sont sortis et d'où sortent, chaque année, les figures appelées à un succès aussi grand que mérité. D'un autre côté, il m'était impossible de convertir ce petit *vade mecum* de poche en un véritable dictionnaire de Bouillet (quant au format). S'il m'eût fallu écrire la théorie des figures anciennes et nouvelles, dont je donnerai les titres plus loin, j'aurais créé de grands embarras aux conducteurs de cotillon ; car, pour fixer leur choix, j'estime qu'ils ne peuvent le faire sans avoir les accessoires présents devant leurs yeux. Une explication pratique, pour ainsi dire, remplacera plus avantageusement ma théorie, et je suis convaincu qu'ils la trouveront très facilement dans la maison Giroux. Je me contenterai donc d'une énumération sommaire, en marquant toutefois d'un astérisque les figures que je recommande à l'attention générale.

La nouveauté étant toujours pleine d'attraits, je citerai en premier lieu les figures composées pour cette année :

Figures avec accessoires pour l'année 1881.

116e figure. La Plume au vent.
117e — La ville charmante (décorations).
118e — Le Service à thé.
119e — La Leçon de musique.
120e — Le Banc brisé.
121e — La Tour Prends-Garde.
122. — Les Poteaux indiens.
123e — Les Lanternes multiples.
124e — Les Rois de l'arbalète.
125e — Les Talismans.

126e figure. Les Sabots de Noël.

127e   — Les Pillules du diable.

128e   — La Mouche d'or.

129e   — Les Papillons.

Figures composées antérieurement à 1881.

130e figure. Les Oiseaux et les fleurs.

131e   — Le Surtout.

132e   — Le Char de Cendrillon.

133e   — La Compagnie des archers.

134e   — Le Perchoir.

135e   — Paris-Murcie.

136e   — Le Marchand de marrons.

137e   — Le Chapeau musical.

138e   — Le Piège aux allouettes.

139e   — Le Chaperon rouge.

140e figure. Ali-Baba.

141e   — Le Dé magique.

142e   — Le Messager des dieux.

143e   — Les Surprises, bonbons.

144e   — Le Cotillon en action.

145e   — Le Retour d'Ulysse.

146e   — Le Mouchoir.

147e   — Les Sucres d'orge.

148e   — Le Bouquet-Papillon.

149e   — Le Travestissement.

150e   — Le Sport.

151e   — Les Coquetiers.

152e   — Flore et Pomone.

153e   — Le Baccarat.

154e   — Les Cartes de visite.

155e   — Les Ephémérides du co-
          tillon.

156ᵉ figure. Le Palmier.
157ᵉ — La Tombala.
158ᵉ — Le Marchand de coco.
159ᵉ — Le Chemin de fer.
160ᵉ — Le Puits de vérité.
161ᵉ — Fleurs et rivières.
162ᵉ — Mandolinata.
163ᵉ — La Poule aux œufs d'or.
164ᵉ — Les Roses.
165ᵉ — Le Beffroi.
166ᵉ — Yedda.
167ᵉ — Les Poignards japonais.
168ᵉ — La Balance des cœurs.
169ᵉ — La Grenouille.
170ᵉ — Le Parasol japonais.
171ᵉ — La Boîte au lait.
172ᵉ — Les Cocardes, fleurs.

173e figure. Le Flambeau de l'amour.

174e — Les Marguerites à ef-
feuiller.

175e — Les Sauterelles.

176e — Le Bouquet.

177e — Les Lanternes japonaises.

178e — La Cible.

179e — Les Canards.

180e — Les Nœuds avec grelots.

181e — Les Filets et Papillons.

182e — Les Drapeaux de soie.

183e — Les Cigarettes, coiffures.

184e — Les Fleurs, coiffures.

185e — Les Mirlitons.

186e — Les Cimbales.

187e — Les Tambours de basque.

UN DERNIER MOT.

Tous les conducteurs de cotillon, en se reportant à la théorie des figures que j'ai citées avant ce supplément, pourront facilement déduire la manière d'employer ces accessoires. Il leur suffit d'étudier un peu le but, le motif, et les ressources que l'on peut tirer de la figure. Leur esprit, leur intelligence, leur habitude du monde sont les meilleures leçons qu'ils puissent prendre s'ils veulent se donner la peine de leur faire appel.

TABLE GÉNÉRALE

Figures exécutées par deux couples.

Figures, d'ensemble ou figures exécutées par tous les couples.

Figures avec accessoires.

Pages

120e figure. Banc brisé.
121e   —   Tour, Prends-Garde.
122e   —   Poteaux indiens.
123e   —   Lanternes multiples.
124e   —   Les rois de l'arbalète.
125e   —   Les talismans.
126e   —   Les sabots de Noël.
127e   —   Pilules du diable.
128e   —   Mouche d'or.
129e   —   Papillons.

Figures composées antérieurement à 1881.

130e figure. Oiseaux et fleurs.
131e   —   Le surtout.
132e   —   Char de Cendrillon.
133e   —   Compagnie d'archers.
134e   —   Perchoir.
135e   —   Paris-Murcie.
136e   —   Marchand de marrons.
137e   —   Chapeau musical.
138e   —   Piège aux alouettes.

139ᵉ figure. Chaperon **rouge**.
140ᵉ — Ali-Baba.
141ᵉ — Dé magique.
142ᵉ — Messager des dieux.
143ᵉ — Surprises, bonbons.
144ᵉ — Cotillon en actions.
145ᵉ — Retour d'Ulysse.
146ᵉ — Le mouchoir.
147ᵉ — Sucres d'orge.
148ᵉ — Bouquet-papillon.
149ᵉ — Travestissement.
150ᵉ — Sport.
151ᵉ — Coquetiers.
152ᵉ — Flore et Pomone.
153ᵉ — Baccarat.
154ᵉ — Cartes de visites.
155ᵉ — Ephémérides du Cotillon.
156ᵉ — Palmier.
157ᵉ — Tombola.
158ᵉ — Marchand de coco.
159ᵉ — Chemin de fer.
160ᵉ — Puits de vérité.